CON GRIN SU CONOCIMIENTOS VALEN MAS

- Publicamos su trabajo académico, tesis y tesina

- Su propio eBook y libro - en todos los comercios importantes del mundo

- Cada venta le sale rentable

Ahora suba en www.GRIN.com
y publique gratis

GRIN

Zorrilla Muñoz, Miranda García-Cuevas, Montero Puertas

Revisión de máquinas en procesos de instalaciones mecánicas en obras de construcción

GRIN Verlag

Bibliografische Information der Deutschen Nationalbibliothek:

Die Deutsche Bibliothek verzeichnet diese Publikation in der Deutschen National-
bibliografie; detaillierte bibliografische Daten sind im Internet über http://dnb.d-
nb.de/ abrufbar.

Imprint:

Copyright © 2010 GRIN Verlag GmbH
Druck und Bindung: Books on Demand GmbH, Norderstedt Germany
ISBN: 978-3-656-29035-3

This book at GRIN:

http://www.grin.com/es/e-book/200080/revision-de-maquinas-en-procesos-de-
instalaciones-mecanicas-en-obras-de

Revisión de máquinas en procesos de instalaciones mecánicas en obras de construcción

Autoras: Zorrilla Muñoz, V.; Miranda García-Cuevas, M.T.; Montero Puertas, I.

1 Índice

Revisión de máquinas en procesos de instalaciones mecánicas en obras de construcción

Autoras: Zorrilla Muñoz, V.; Miranda García-Cuevas, M.T.; Montero Puertas, I.

2   Índice de de tablas

3   Índice de de tablas

4 Introducción

El objeto de este trabajo es definir la revisión de la maquinaria[1] que se utiliza habitualmente en procesos de instalaciones mecánicas en obras de construcción. Se incluye bajo este concepto, tanto herramientas manuales como motoras. El proceso de trabajo es el siguiente: una vez identificada la maquinaria utilizada, se reaiza una descripción de ejemplos posibles. De esta forma, conociendo la maquinaria utilizada en procesos de instalaciones mecánicas, es posible establecer una planificación para la comprobación de su estado y el cumplimiento de las obligaciones legales. Al final de este trabajo, se incluye un modelo para el establecimiento y planificación de las revisiones en la maquinaria.

5 Desarrollo

Antes de la creación del Mercado único Europeo, las administraciones de cada país tenían la responsabilidad sobre el cumplimiento de los productos con las normativas nacionales.

En 1985, se crea el Mercado único Europeo, sobre las bases de alcanzar la libre circulación de productos, servicios y personas a lo largo de toda la Unión Europea (UE) (Muñoz, de Prada Rodríguez, & Muntada, 2010).

---

[1] Se entiende como *máquina* un conjunto de piezas u órganos unidos entre sí, de los cuales uno por lo menos habrá de ser móvil y, en su caso, de órganos de accionamiento, circuitos de mando y de potencia, u otros, asociados de forma solidaria para una aplicación determinada, en particular para la transformación, tratamiento, desplazamiento y acondicionamiento de un material, conforme a lo descrito en el apartado 2, del artículo 1. del Real Decreto 1435/92, de 27 de noviembre, por el que se dictan las disposiciones de aplicación de la Directiva del Consejo 89/392/CEE. relativa a la aproximación de las legislaciones de los Estados miembros sobre máquinas. (Vigente hasta el 29 de diciembre de 2009).

Para alcanzar la libre circulación de productos y servicios a lo largo de toda la Unión Europea, se hace necesario la búsqueda de medios para la eliminación de las barreras técnicas y la armonización de las legislaciones de los distintos Estados miembros.

Con este fin, la armonización de las legislaciones se limita a la adopción, a través de las Directivas de Nuevo Enfoque, de los requisitos esenciales que los productos deben cumplir para su comercialización.

Antes de la fecha de entrada en vigor de una determinada Directiva, no existe ninguna obligación en cuanto al Marcado "CE" de los productos que en ella se recogen.

En el periodo transitorio, el marcado "CE" es opcional, pero sólo se permite si se cumple el procedimiento de evaluación de la conformidad para al menos una de las Directivas aplicables al producto. En el periodo transitorio, los productos han podido ser fabricados de acuerdo con los reglamentos o normas nacionales en vigor (Agriculture & Internacional, 1999).

A partir de la fecha de obligatoriedad no se pueden comercializar productos no conformes aunque estén fabricados con anterioridad a esta fecha.

Las Directivas referidas en este documento son las llamadas de Nuevo Enfoque o de Enfoque Global. Con ellas se pretende la eliminación de las barreras técnicas y la armonización de las legislaciones de los distintos Estados miembros.

El Marcado CE indica que un producto es presuntamente conforme con todas las disposiciones de las directivas que son de aplicación al equipo en cuestión. Igualmente, garantiza que el fabricante ha tomado todas las medidas oportunas para garantizar el cumplimiento de las mismas en cada uno de los productos comercializados. Por lo tanto, tanto el fabricante como el producto cumplen con los requisitos esenciales de las directivas de aplicación.

El Marcado CE lo fija el propio fabricante al finalizar la fase de control de la producción, asumiendo toda responsabilidad por el producto comercializado (Izquierdo, 2001).

Autoras: Zorrilla Muñoz, V.; Miranda García-Cuevas, M.T.; Montero Puertas, I.

Aunque cada tipo de producto presenta particularidades que tienen que reflejarse en su correspondiente Directiva, la Comisión Europea ha tratado de dotarlas a todas de una estructura común basada en los procedimientos de evaluación de la conformidad y fijación del marcado "CE" , que se detallan en la Decisión del Consejo 93/465/CEE.

Estos procedimientos establecen siempre dos fases para la evaluación de la conformidad:

Evaluación del Diseño (de un prototipo o de una muestra del producto)

•Mediante los ensayos y estudios que correspondan.

Evaluación de la producción (todas las unidades del producto deben seguir cumpliendo al igual que cumplía la muestra estudiada en la fase de evaluación del diseño),

•Mediante un cierto control de calidad de la producción, preferiblemente basado en las normas ISO 9000

Figura 1 Fases para la evaluación de la conformidad (Consejo de las Comunidades Europeas, 1993)

Autoras: Zorrilla Muñoz, V.; Miranda García-Cuevas, M.T.; Montero Puertas, I.

El principio fundamental en la protección[2] de maquinaria radica en que el propio diseño de la máquina garantice que la zona de peligro se encuentra ubicada de manera que sea inaccesible para el trabajador o, de no ser ello posible, que se cuenta con los medios de protección necesarios para que se elimine o, al menos, se reduzca dicho peligro antes de que el operario de la máquina pueda acceder a la zona mencionada (Cortés Díaz, 2007).

Los niveles de riesgo en lo que a maquinaria se refiere se pueden clasificar de la siguiente manera si se atiende a las condiciones necesarias para que se produzca un accidente:

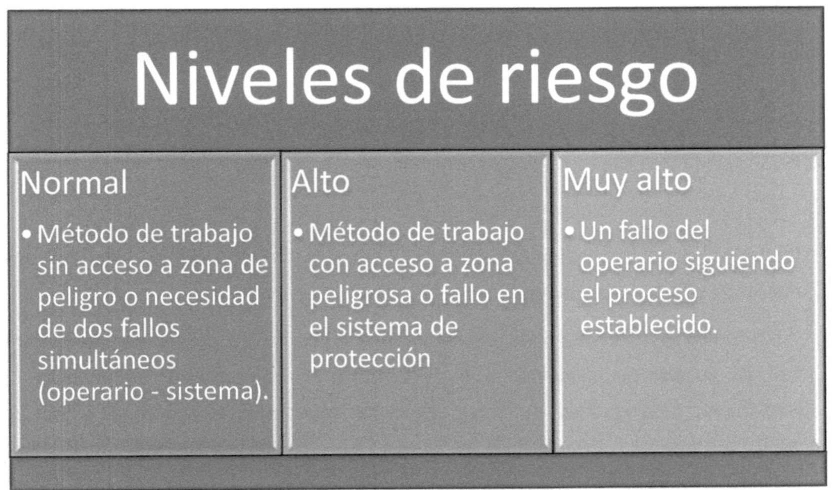

Figura 2 Descripción de los niveles de riesgo (Romero, 2005)

---

[2] Se recoge así lo indicado en el artículo 15 de la Ley 31/95, en relación a las medidas que deberá aplicar el empresario para integrar el deber general de protección, en lo relativo a "combatir los riesgos en su origen" , "evitar los riesgos" y "adoptar medidas que antepongan la protección colectiva a la individual".

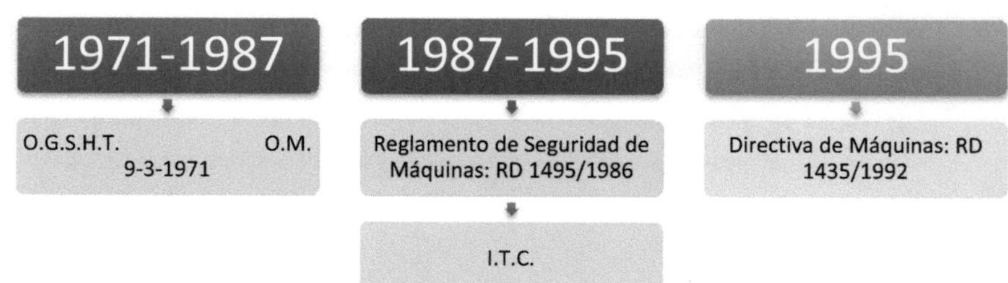

Desde el punto de vista normativo y de manera cronológica, se comienza haciendo referencia a la Ordenanza General de Seguridad e Higiene en el Trabajo (O.G.H.S.T.).

Posteriormente, aparece un documento legislativo interno que aborda las disposiciones que han de cumplir las máquinas que se fabrican y/o comercializan en nuestro País, el Reglamento de Seguridad en Máquinas que ha tenido un corto periodo de vigencia (1987-1995).

Finalmente aparece la llamada Directiva de Máquinas y a partir de ahí el Real Decreto 1435/92 en materia de seguridad en máquinas y el Real Decreto 1215/97 de adecuación de equipos de trabajo. Aunque actualmente el texto legislativo en vigor es el documento 98/37/CE, éste ha surgido de una serie de modificaciones sobre el documento inicial 89/392/CEE.

Autoras: Zorrilla Muñoz, V.; Miranda García-Cuevas, M.T.; Montero Puertas, I.

Con el texto inicial de la Directiva de máquinas 89/392/CE se eliminan las barreras técnicas y reglamentarias para la libre circulación de los productos en la Unión Europea. Además, limita las responsabilidades del fabricante por daños causados por sus productos.

La Directiva de máquinas fue modificada por la Directiva 91/368/CEE, introduciendo un periodo transitorio para la entrada en vigor. Además, establece nuevos requisitos de seguridad y salud para los riesgos especiales debidos a la movilidad de las máquinas, a dispositivos de elevación y a trabajos subterráneos. Estas dos directivas son transpuestas a la legislación española mediante el Real Decreto 1435/1992.

La Directiva 93/44/CEE modificó a la Directiva 89/392/CEE, principalmente, incluyendo en su ámbito de aplicación los componentes de seguridad, y añadiendo nuevos requisitos de seguridad para evitar los peligros específicos debidos a la elevación o desplazamientos de personas.

La Directiva 93/68/CEE modificó, entre otras, a la Directiva 89/392/CEE, refiriéndose principalmente al Marcado CE y a los procedimientos de evaluación de la conformidad.

Estas dos últimas modificaciones fueron transpuesta a la legislación española mediante el Real Decreto 56/1995, siendo de aplicación total desde el 1 de enero de 1995.

Finalmente, el 22 de junio de 1998, se publica la Directiva 98/37/CE. En aras de una mayor claridad y racionalidad se procede a la codificación de la Directiva 89/392/CEE mediante la Directiva 98/37/CE, de forma que ésta última engloba a la Directiva 89/392/CEE y todas sus modificaciones. No obstante, se siguen manteniendo todos los plazos de entrada en vigor.

5.1 Medidas de Seguridad

Las medidas de seguridad para hacer frente a los riesgos que puede presentar la maquinaria se pueden dividir en dos grandes grupos:

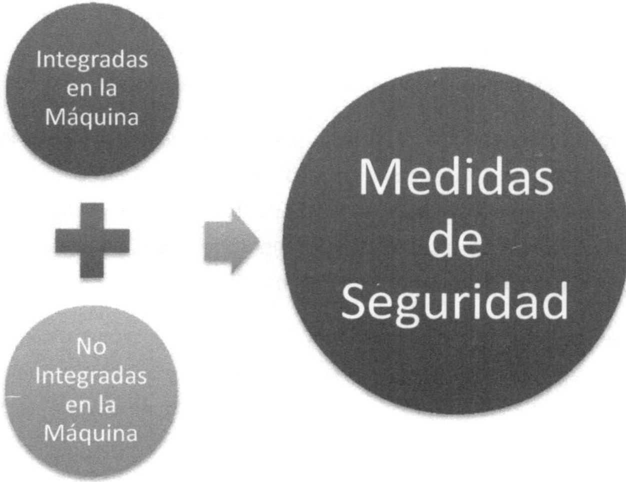

Figura 4 Medidas de seguridad (Andrés, 2006)

5.2   Medidas de seguridad integradas en la máquina

Se debe partir de una prevención intrínseca, de manera que las máquinas por su diseño no ofrezcan peligro para los trabajadores. De no poder eliminarse ese peligro, se tratará de anular o, al menos, reducir el nivel de riesgo mediante la protección de las llamadas zonas peligrosas que puedan presentar las máquinas. Entre los diferentes medios de protección existentes cabe citar los siguientes: resguardo fijo, resguardo túnel, resguardo regulable, barrera de ultrasonidos, dispositivo de mando a dos manos, dispositivo de movimiento residual o de inercia, etc. (Andrés, 2006).

5.3 Medidas de seguridad no integradas en la máquina

Existen también una serie de medidas no integradas en la máquina de cara a obtener un nivel de protección suficiente (Andrés, 2006; Cortés Díaz, 2007):

1) Formación específica en el puesto de trabajo en lo que a condiciones de seguridad se refiere.

2) Método de trabajo que contemple el mantenimiento de las medidas de protección. El responsable de los trabajos de mantenimiento identificará los peligros existentes y planteará un método seguro de trabajo que elimine los peligros o, como último recurso, que ponga en conocimiento de todos los trabajadores que puedan tener acceso a la máquina dichos peligros.

3) Mantenimiento eficaz que reduzca las incidencias durante el funcionamiento de las máquinas.

4) Normas internas del centro.

5) Equipos de protección individual. Deberán utilizarse cuando los riesgos no se puedan evitar o no puedan limitarse suficientemente por medios de protección colectiva o mediante medidas, métodos o procedimientos de organización del trabajo (Paños, 1992).

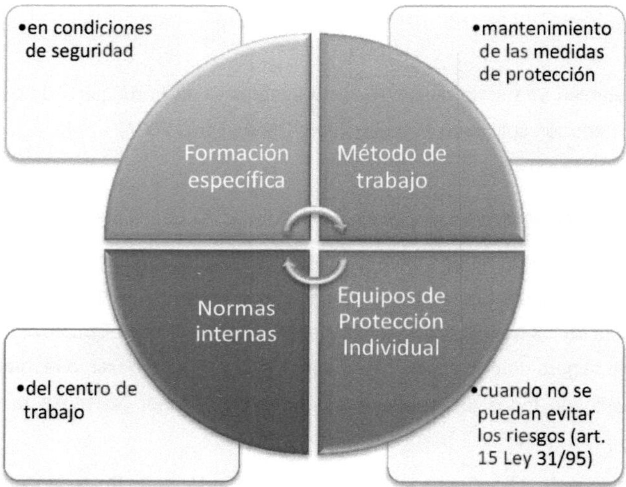

Figura 5 Medidas de seguridad no integradas en la máquina

5.4   Mantenimiento de las Máquinas

Las operaciones de entretenimiento, reparación, engrasado y limpieza se efectuarán durante la detención de los motores, transmisiones y máquinas, salvo en sus partes totalmente protegidas (según art. 92 de la Ordenanza General de Seguridad e Higiene en el Trabajo).

En caso de que dichas operaciones u otras tengan que efectuarse con la máquina o los elementos peligrosos en marcha y anulados, los sistemas de protección deberán seguir lo siguiente:

a) Velocidad de funcionamiento

- La máquina sólo podrá funcionar a velocidad muy reducida, golpe a golpe, o a esfuerzo reducido.

b) Mando de puesta en marcha

- El mando de la puesta en marcha será sensitivo. Siempre que sea posible dicho mando deberá disponerse de forma que permita al operario ver los movimientos mandados.

c) Anulación de sistema de protección y el funcionamiento

- La anulación del sistema de protección y el funcionamiento de la máquina en las condiciones citadas en los incisos a) y b) excluirá cualquier otro tipo de marcha o mando.

Figura 6 Indicaciones para sistemas de protección (Romero, 2005)

El o los dispositivos de desconexión de las máquinas deberán ser bloqueados con eficacia inviolable en la posición que aísle y deje sin energía motriz a los elementos de la máquina.

En el caso de que dicha prescripción no fuese técnicamente factible, se advertirán en la máquina los peligros que pudieran originarse e igualmente, en el manual de instrucciones se advertirán tales peligros y se indicarán las precauciones a tomar para evitarlosCuando por las especiales características de la máquina las operaciones a que se refiere este artículo no puedan realizarse en las condiciones a), b), y c) podrá prescindirse de estas, adoptándose las medidas convenientes para que dichas operaciones se lleven a efecto sin peligro para el personal.

En cualquier caso deberán darse al menos en castellano las instrucciones precisas para que las operaciones de reglaje, ajuste, verificación o mantenimiento se puedan efectuar con seguridad. Esta prescripción es particularmente importante en caso de existir peligros de difícil detección o cuando después de la interrupción de la energía existan movimientos debidos a la inercia (según el artículo 44 del Reglamento de Seguridad en las Máquinas) (Zazo, 2009).

6 Ejemplos de identificación de máquinas y herramientas motorizadas

Con el fin de identificar y atender a todas la maquinaria y herramienta posible, se identifican en primer lugar los procesos desarrollados en la obra (Armiñana & Alís, 2004) en relación al subsector de estudio. Se clasifican atendiendo a los puestos de trabajo y las operaciones realizadas:

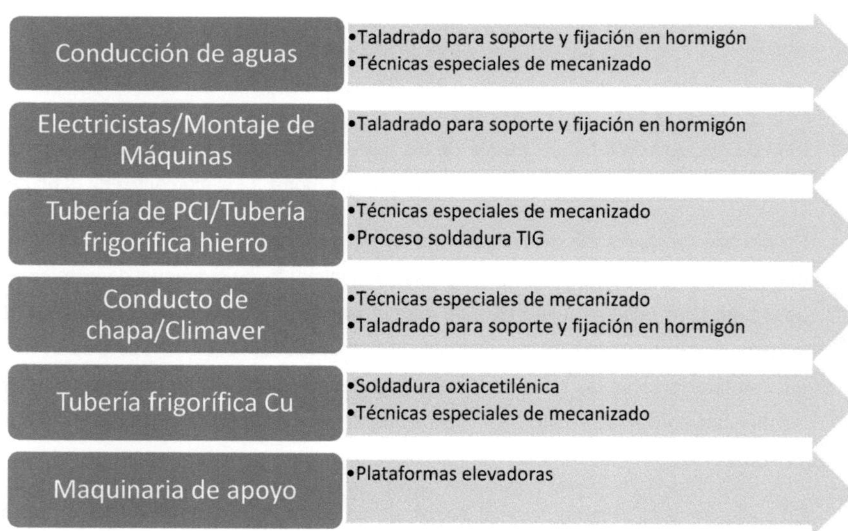

Figura 7 Clasificación atendiendo a los puestos de trabajo y las operaciones realizadas

6.1 Taladrado para soporte y fijación en hormigón

La técnica de taladrado es utilizada para producir una forma cilíndrica interna (es decir, agujeros). Su importancia, a pesar de ser una técnica simple, puede ocasionar dificultades considerables.

En su mayoría, se realiza con una herramienta de dos cortes.

Ahora bien, los dos filos se hallan en el extremo de una herramienta relativamente flexible y el corte tiene lugar dentro del hormigón, con lo cual, existe el problema de que por culpa del rozamiento entre la herramienta y la pared del agujero, se genere un calor que pueda generar como consecuencia dificultades debido a la insuficiencia de evacuación del calor y muchas veces no se llegue a alcanzar la precisión deseada (E. Paul DeGarmo, 1994).

Las herramientas ideadas para taladrar reciben el nombre de brocas, y en particular, para taladrar el hormigón, reciben el nombre de brocas de mampostería, conocidas vulgarmente como brocas de widia. La diferencia de estas brocas con las de metal está en la punta que llevan (Appold, Besante, & Aguilera, 1984).

Esta broca tiene una placa de carburo de tungsteno que prolonga la punta y retarda el desgaste de la misma.

Las partes de este tipo de broca se aprecian en el dibujo(J.A. Vega Alvarez, 2006).

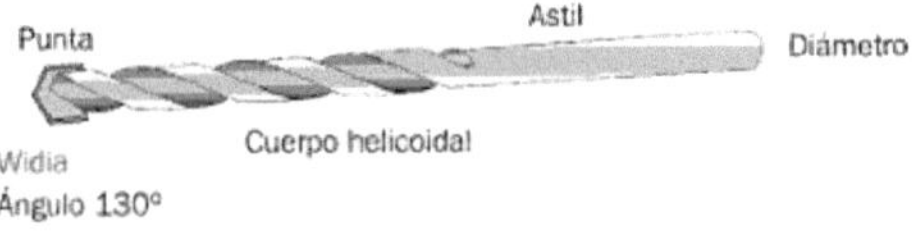

Figura 8 Broca de tipo widia (Gómez Morales, Águeda Casado, García Jiménez, & Martín Navarro, 2011)

6.2   Medidas generales de seguridad al taladrar

Conviene mencionar que en este tipo de operaciones, se prestará atención a las medidas básicas de seguridad, en particular, a las siguientes (Castro & Fernández-Bravo, 2009; Gerling, 2002):

1) Se debe proteger la vista con gafas apropiadas, ante la posibilidad de que esquirlas se puedan introducir en los ojos.

2) Proteger mediante mascarilla FFP2 si fuera necesario (para evitar la respiración de polvo de hormigón).

3) Utilizar brocas adecuadas (broca de mampostería).

4) No forzar la máquina en acceso y mantenerla siempre perfectamente sujeta al taladro, si es posible mediante soportes verticales.

5) Apagar la máquina (mejor desenchufar) para un cambio de broca o limpieza de las mismas.

6) Aplicar las medidas comunes a todos los equipos eléctricos: No colocarlos cerca de fuentes de calor, no tirar del cable, etc...).

7) Utilizar protectores auditivos.

6.3   Técnicas especiales de mecanizado en tuberías, soportes, perfiles y otros

La técnica de mecanizado especial manual para tuberías y perfiles de conductos y otros materiales, incluye las siguientes operaciones:

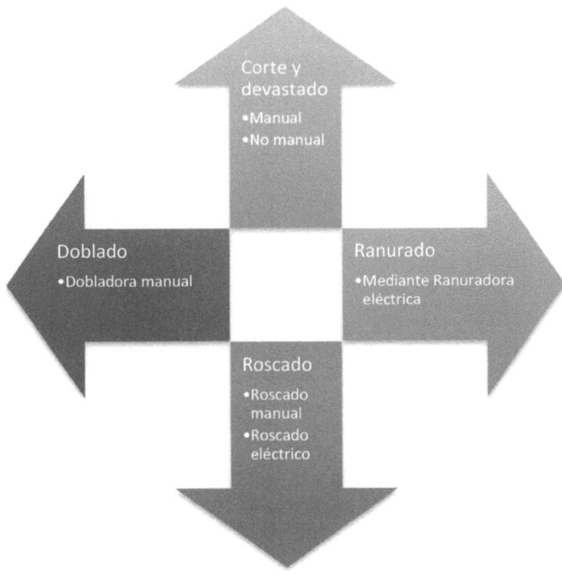

Figura 9 Operaciones para la técnica de mecanizado especial manual (Whitman & Johnson, 2000)

6.4 Corte manual y lijado de superficie

El corte manual es realizado mediante una herramienta denominada "cortatubos". Con esta herramienta se pueden cortar tubos de acero, cobre, aluminio y plástico (Asociación Española de Normalización y Certificación, 1994) (Appold et al., 1984).

Autoras: Zorrilla Muñoz, V.; Miranda García-Cuevas, M.T.; Montero Puertas, I.

Figura 10 Minicortatubos

Figura 11 Cortatubos metálico

Figura 12 Cortatubos para plásticos

La técnica de uso del cortatubos es como se describe a continuación:

1) Inicialmente se toma la medida del tubo a cortar y se marca con lápiz sobre el propio tubo.
2) Se coloca la superficie cortante sobre la marca para luego apretar el tubo entre la cuchilla y los dos rodillos.
3) Hacer rodar el cortatubos con el cortante presionando el tubo para realizar un corte limpio.
4) No presionar en exceso el tubo, para evitar deformarlo e inutilizar el trozo de tubería.

5) El giro del cortatubos se realiza sujetando el tubo con una mano y haciéndolo girar alrededor de éste suavemente; cada dos vueltas se aumenta un poco la presión de la superficie cortante mediante el tornillo unido al mango del cortatubos.

6) Una vez realizado el corte, si han quedado rebabas en el corte, se puede utilizar escariador del propio cortatubos o cualquier otro, pero resulta imprescindible realizar esta operación.

Posteriormente, a la técnica de corte mediante cortatubos, se pasará una lija o papel de lija para alisar la superficie en caso necesario.

La lija o lima es una herramienta manual pensada para realizar un acabado superficial a base de arrancado de virutas (Soriano & Ruiz, 2011).

6.5 Medidas generales de seguridad al realizar el corte manual y lijado de superficie

Se prestará atención a las siguientes medidas de seguridad generales al utilizar esta herramienta:

1) Se debe vigilar el estado de la cuchilla, que esté siempre afilada y en perfecto estado (libre de óxidos, partes desprendidas…).

2) Proteger las manos mediante guantes de protección mecánica al corte (según UNE EN 1082) (Armendáriz, 2004).

3) En la operación de lijado, se prestará atención a las virutas producidas, como es una operación muy puntual, no se prescribe el uso de mascarilla FFP2, aunque es recomendable.

4) La posición adoptada por el operario es fundamental para el rendimiento en este trabajo, cogerá el mango de la lija con la mano derecha (diestros), que estará apoyada sobre la superficie a lijar, con la mano izquierda apoyada al final de la misma, acompañando el movimiento para evitar que se balancee en su avance.

5) La lija apoyará perfectamente en toda la superficie, gracias a la posición de la mano izquierda; sólo se lijará en el sentido de avance, relajando la presión en la vuelta; la zona lijada estará visualizada constantemente para comprobar el proceso; no se tocará con la mano ni la pieza ni la lija, para evitar que la grasa de la piel las impregne.

6) Durante el proceso de lijado hay que variar la dirección 90° para evitar que aparezcan rayados; si la superficie es plana, la lima será plana y cuando la superficie sea cóncava se usará la línea de media caña o la lija redonda, dependiendo de la forma que mejor se ajuste a la pieza.

6.6 Corte y devastado no manual

Para este corte se usan amoladoras, que son herramientas eléctricas que hacen girar un disco abrasivo; cuando la pieza se acerca al disco sufre un desgaste de material del que se desprenden partículas produciendo el corte en el material (Espeso Santiago, Fernandez Zapico, Espeso Exposito, & Fernandez Muñiz, 2007).

Figura 13 Amoladora angular

La amoladora está dotada de empuñadura y en su eje se ubican los discos rodantes.

Esta máquina presenta diferentes características técnicas y diversas potencias de trabajo, por lo que se puede afirmar que es una máquina polivalente, pudiéndose utilizar para distintos trabajos.

Su eje de trabajo está colocado perpendicularmente a su eje motor, de ahí el nombre que recibe de amolador angular.

En función del trabajo a realizar además, la amoladora permite realizar numerosas operaciones de mecanizado, entre las que destacan(J.A. Vega Alvarez, 2006):

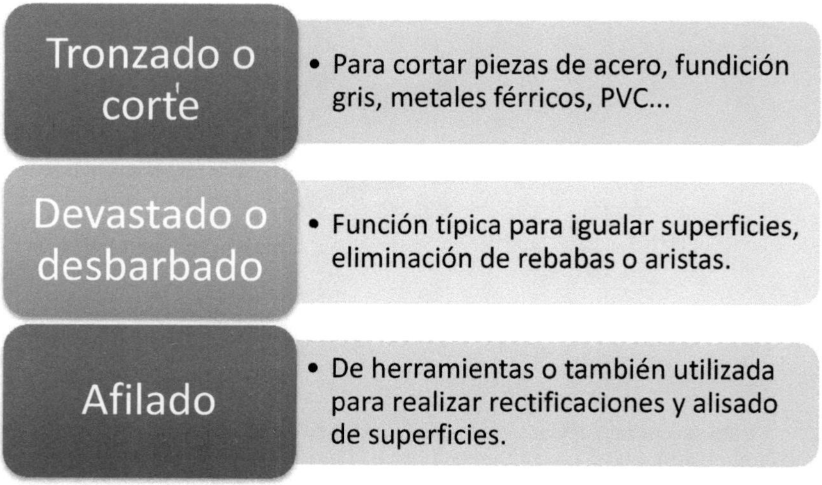

Tronzado o corte	• Para cortar piezas de acero, fundición gris, metales férricos, PVC...
Devastado o desbarbado	• Función típica para igualar superficies, eliminación de rebabas o aristas.
Afilado	• De herramientas o también utilizada para realizar rectificaciones y alisado de superficies.

Figura 14 Operaciones que es posible realizar con la amoladora

Si lo que se pretende es hacer un corte de tubería de gran tamaño, lo que se utiliza es una sierra de cinta, como se ve en la figura:

Figura 15 Sierra de cinta portátil

Está máquina está compuesta por un elemento de corte consistente en una cinta dentada que gira entre dos rodillos.

La cinta es desmontable y se cambia en función del material a cortar. La velocidad de giro de los platos y el avance de la cinta es manual, ejerciendo el operario la presión entre la cinta y la pieza a cortar.

6.7   Medidas generales de seguridad al realizar el corte no manual

Se prestará atención a las siguientes medidas de seguridad generales al utilizar esta herramienta (Espeso Santiago et al., 2007):

1) El material a cortar debe estar bien sujeto por el operario o por cualquier otro método.

2) Siempre se deben llevar las gafas de protección con esta máquina, pues es muy peligroso y probable que realice proyección de polvo de metal incandescente sobre los ojos.

3) Cuando la máquina se pone en marcha el operario debe estar en una posición cómoda y poder controlar con firmeza sus movimientos.

4) Hay que tener especial cuidado con no perder la perpendicularidad cuando el disco esté introducido en la ranura del corte, porque entonces se atascaría y produciría un movimiento muy brusco sobre las manos del operario. Éste es otro de los peligros que comporta, pues la máquina quedaría descontrolada si se suelta, con el consiguiente peligro.

5) Se debe vigilar el estado de los discos: que estén en buen estado (libre de óxidos, partes desprendidas…).

6) Proteger las manos mediante guantes de protección mecánica al corte (según UNE EN 1082)(Armendáriz, 2004).

7) En la operación de devastado/afilado, se prestará atención a las virutas producidas, como es una operación muy puntual, no se prescribe el uso de mascarilla FFP2, aunque es recomendable.

8) Apagar la máquina (mejor desenchufar) para un cambio de disco o limpieza del mismo.

9) Aplicar las medidas comunes a todos los equipos eléctricos: No colocarlos cerca de fuentes de calor, no tirar del cable, etc…).

10) Utilizar protectores auditivos.

6.8 Ranurado eléctrico

Con esta operación se trata de hacer ranuras en las piezas mediante torneado.

El ranurado de los tubos es una preparación de la punta del tubo para el posterior acoplamiento de un accesorio que permitirá el empalme de este tubo a otro, realizar una derivación, un cambio de sentido o el acoplamiento de cualquier otro accesorio.

Debido que al ranurar se produce una fuerte fricción, el medio empleado para refrigerar y lubricar tiene que poseer un fuerte poder de lubricación(Herling, 2006).

El accesorio necesita que en la punta de tubo, y en todo su perímetro, exista una ranura normalizada, sobre ésta se apoyará y realizará las funciones de empalme y estanqueidad.

Las máquinas para ranurar constan de varios juegos de rodillos y árboles de transmisión, por lo que se debe atender a las medidas generales de seguridad con especial atención.

Figura 16 Ranuradora

6.9   Medidas generales de seguridad al realizar el ranurado eléctrico

Se prestará atención a las siguientes medidas de seguridad generales al utilizar esta herramienta :

1) Se deberá mantener la superficie de la tubería limpia.

2) La zona de trabajo deberá estar limpia y bien iluminada. El piso se mantendrá seco y limpio de materiales resbaladizos. La ranuradora deberá ubicarse en una zona planay nivelada y asegurarse que la máquina y sus soportes quedan estabilizados.

3) No se debe hacer funcionar la máquina en presencia de atmósferas peligrosas.

4) Se debe proteger la vista con gafas apropiadas, ante la posibilidad de que esquirlas se puedan introducir en los ojos.

5) Se deberán mantener las manos limpias y secas, libres de aceites y grasas.

8) Mantener el cabello sujeto, ropa y guantes apartados de las piezas en movimiento.

9) Se deberán mantener todas las llaves mecánicas y de regulación extraídas antes de encender la máquina, con el fin de evitar lesiones corporales. Las manos deberán estar apartadas de los rodillos ranuradores.

10) Mantener la cubierta protectora en su sitio. No se deberá hacer funcionar la ranuradora si se ha extraído la cubierta protectora.

11) La tubería deberá estar provista de soportes.

12) Aplicar las medidas comunes a todos los equipos eléctricos: No colocarlos cerca de fuentes de calor, no tirar del cable, las máquinas deberán estar provistas de una toma de tierra, etc…).

13) Utilizar protectores auditivos.

6.10 Roscado manual

Se define la rosca como el arrollamiento helicoidal de un prisma o filete sobre una superficie de revolución, generalmente cilíndrica, bien tornillo (rosca exterior) o de una tuerca (rosca interior) (Vierck, 1999).

Para realizar una rosca se toma una base cilíndrica y se le talla, con arranque de material, un perfil helicoidal de la forma deseada. Este trabajo se puede hacer a máquina o a mano y sobre un perfil hueco (tubo) o macizo (tornillo).

Las mayoría de las roscas que nos encontramos están talladas a máquina, pero excepcionalmente nos encontramos con roscas realizadas a mano.

Se distingue principalmente entre: las roscas cónicas, más aplicadas en tuberías y conducción de fluidos, y las roscas MÉTRICAS o ISO, aplicadas en tortillería.

Si la rosca a realizar es rosca hembra se utilizará una herramienta de arranque de material llamada macho y si la rosca a realizar es de tipo macho las herramientas se denominan terrajas.

Las roscas realizadas en tuberías en proceso manual siempre son roscas macho y siempre se rosca el tubo.

El roscado de tuberías es una operación muy utilizada en todo tipo de instalaciones; pueden ser de dos tipos: rectas y de tipo cónico.

Generalmente, en la conducción de fluidos se usa la de tipo cónico, que proporciona más estanquidad a la tubería (Whitman & Johnson, 2000).

6.11 Roscado con terraja manual:

El doble sistema de carraca y centrado del tubo las ventanas son parta facilitar la salida de virutas y producir roscas limpias. Este modelo tiene 4 maneras para facilitar el roscado (Appold et al., 1984; Soriano & Ruiz, 2008).

6.12 Roscado eléctrico: Roscadora eléctrica portátil

Se usa para roscar tubos en rosca cónica DIN 2999 derechas o izquierdas; suelen poder roscar tubo desde 1/4" hasta 2".

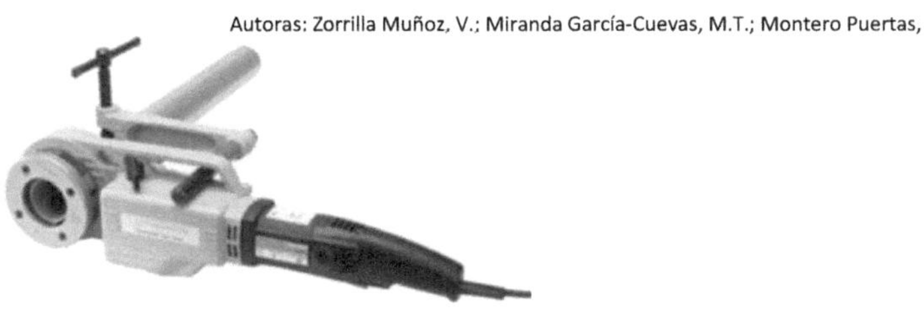

Fig. 8. Roscadora eléctrica portátil

El sentido de giro de las terrajas se invierte para avanzar en la rosca y volver y expulsar el tubo. El tubo debe estar bien sujeto a un banco de trabajo.

6.13 Roscadora eléctrica

Son máquinas de mayor envergadura, preparadas para realizar roscas en tubos DIN 2999 (BSPT), NPT a derechas. Desde 1/4" hasta 4; Métrico (8–52 mm) y PG para uso eléctrico (PG7–PG48).

Estas máquinas disponen de accesorios capaces de realizar las operaciones de corte, escariado y roscado, con el consiguiente ahorro de tiempo.

La lubricación en el momento de roscado es automática y regulable por el interior de la terraja directamente a los peines, realizada con una bomba de aceite de sistema mecánico.

6.14 Medidas generales de seguridad al realizar en las operaciones de roscado

Se aplicarán las mismas medidas que para el ranurado.

6.15 Doblado manual

La operación de doblado manual de tubería es realizado mediante una herramienta denominada "dobladora", esta técnica es necesaria para fijar los cambios de dirección de tubería.

Se trata mediante un conjunto de herramientas, similares a los alicates, que se emplean para doblar o curvar los tubos de metal.

El principio de funcionamiento consiste en que el tubo queda sujeto por una abrazadera contra el principio de la horma, la cual se gradúa para establecer el ángulo que se quiere efectuar.

Una vez sujeto el tubo, por medio de una palanca de alicate se e va dando la forma deseada apretándolo contra la horma.

6.16 Medidas generales de seguridad al realizar el doblado de tubería manual

Se prestará atención a las siguientes medidas de seguridad generales al utilizar esta herramienta:

1) Se debe vigilar el estado general del equipo, que esté engrasado y en perfecto estado (libre de óxidos, partes desprendidas…).

2) Proteger las manos mediante guantes de protección mecánica al corte (según UNE EN 1082) (Armendáriz, 2004).

3) La posición adoptada por el operario es fundamental para el rendimiento en este trabajo, se prestará especial atención a la misma.

6.17 Proceso soldadura TIG

La soldadura que se llevará a cabo en las tuberías y accesorios de acero será del tipo TIG, la cual se caracteriza por el empleo de un electrodo permanente de tungsteno, aleado con torio o zirconio en porcentaje no superior al 2%.

Durante el proceso de soldadura, para la protección del arco, se hace necesaria la utilización de un gas inerte.

La elevada resistencia a la temperatura del tungsteno (funde a 3410°C), acompañada de la protección del gas mencionada anteriormente, hace que la punta del electrodo apenas se desgaste tras su uso prolongado.

El gas utilizado para la protección del arco en este tipo de soldadura será el Argón.

La soldadura deberá realizarse con las piezas adecuadas. Por lo tanto previo a realizar la soldadura, se revisará que la tubería o accesorios a soldar están libres de raspaduras, abolladuras, en general libre de todo tipo de golpes.

Una vez comprobado esto es necesario preparar la tubería, por lo que los bordes de la tubería/accesorios deberán estar achaflanadas y libres de óxido e impurezas.

Las piezas y/o tubos a soldar se colocarán a tope con los bordes debidamente preparados para iniciar el proceso de soldadura.

Las posiciones de trabajo, en relación con el plano de referencia horizontal, mediante ángulos de pendiente y de rotación, vienen definidas por la Norma Internacional ISO 6947:1993 (Giachino & Weeks, 1996; Rodríguez, 2001).

6.18 Soldadura oxiacetilénica

La soldadura se realizará con las piezas adecuadas. Por lo tanto previo a realizar la soldadura, se revisará que la tubería a soldar está libre de raspaduras, abolladuras, en general libre de todo tipo de golpes. Una vez comprobado que esto se cumple, comenzará el proceso de soldadura.

Para realizar correctamente la soldadura en tubería frigorífica, se tiene que hacer en un ambiente inerte, para lo cual se introduce por un extremo de la instalación una determinada cantidad constante de nitrógeno.

Una vez se esté aplicando el nitrógeno, se preparará la soldadura con un caudal bastante

fuerte de gas elevando la temperatura de las piezas a soldar mediante soplete oxipropánico, para posteriormente reducirlo al mínimo caudal y se empieza a soldar aportando un material (varilla o plates) de cobre - fósforo con un porcentaje del 5% de plata (Giachino & Weeks, 1996; Solá, 1992).

6.19 Medidas generales de seguridad para operaciones de soldadura

Las operaciones de soldadura son descritas habitualmente en todos los planes de seguridad y salud previo al comienzo de la obra, por lo que la recomendación es seguir las medidas descritas en dicho plan. Además son incluidas como operaciones de riesgos en las evaluaciones de riesgo y habitualmente las empresas contratistas o subcontratistas de estos trabajos disponen de instrucciones ampliamente desarrolladas relacionadas con las medidas de seguridad (Santiago, Expósito, Muñiz, Zapico, & Paramio, 2010).

Autoras: Zorrilla Muñoz, V.; Miranda García-Cuevas, M.T.; Montero Puertas, I.

7 Modelo para la revisión de maquinaria en obra

A continuación se describe un modelo de ficha para el seguimiento de las revisiones y planificación de maquinaria:

Tabla 1 Modelo para lar revisión de maquinaria en obra

Marca/modelo	Marcado CE/Instrucciones	Fecha de revisión	Responsable nombre	Responsable D.N.I.	Responsable Firma

Puntos a revisar:

1. Inspección general/ visual de elementos de máquina.
2. Prueba de funcionamiento
3. Mantenimiento del orden y limpieza alrededor de la máquina.
4. Justificación del RD 1215/97, modificado por el RD 2177/2004, anexo I y II.

Autoras: Zorrilla Muñoz, V.; Miranda García-Cuevas, M.T.; Montero Puertas, I.

8 Responsabilidades para el cumplimiento legal de revisión de maquinaria

Tanto contratistas como subcontratistas deberían ser responsables de la revisión, comprobación y verificación periódica de las máquinas y herramientas.

Se debería solicitar la entrega del documento de revisión con un plazo nunca inferior a un año, en el cuál quedarán incluidas las máquinas y herramientas tanto manuales como motoras.

Las operaciones a realizar deberían ser como mínimo las indicadas en el libro de instrucciones del equipo.

9 Bibliografía

Agriculture, I.-A. I. f. C. o., & Internacional, A. E. d. C. (1999). *Organización institucional para el aseguramiento de la calidad e inocuidad de los alimentos: El caso de la Región Centroamericana*: Instituto Interamericano de Cooperación para la Agricultura, IICA.

Andrés, F. P. M. (2006). *Seguridad industrial: Manual para la formación de ingenieros*: Universidad Rey Juan Carlos, Servicio de Publicaciones.

Appold, H., Besante, F. B., & Aguilera, M. J. (1984). *Tecnología de Los Metales Para Profesiones Técnico-Mecanicas*: Editorial Reverté, S.A.

Armendáriz, P. C. (2004). NTP 747: Guantes de protección: requisitos generales. Madrid: INSHT.

Armiñana, E. P., & Alís, J. C. (2004). *El Proceso Proyecto-construcciÓn*: Universidad Politécnica.

Asociación Española de Normalización y Certificación. (1994). *UNE 16-559-94: Herramientas de corte para tubos: cortatubos automáticos para tubos de cobre y plástico: nomenclatura, especificaciones y ensayos. Erratum*: AENOR.

Casado, E. A., Jiménez, J. L. G., Morales, T. G., Gracia, J. G., & Navarro, J. M. (2008). *Mecanizado básico*: PARANINFO.

Castro, J. M. G., & Fernández-Bravo, U. (2009). *Mecanizado básico: transporte y mantenimiento de vehículos*: Paraninfo.

Decisión 93/465/CEE del Consejo, de 22 de julio de 1993, relativa a los módulos correspondientes a las diversas fases de los procedimientos de evaluación de la conformidad y a las disposiciones referentes al sistema de colocación y utilización del marcado «CE» de conformidad, que van a utilizarse en las directivas de armonización técnica, L220/23 C.F.R. (1993).

Cortés Díaz, J. M. (2007). *Seguridad e Higiene Del Trabajo*: Editorial Tebar.

E. Paul DeGarmo, J. T. B., Ronald A. Kohser. (1994). *Materiales y procesos de fabricación*. Barcelona: Editorial Reverté, S.A.

Espeso Santiago, J. A., Fernandez Zapico, F., Espeso Exposito, M., & Fernandez Muñiz, B. (2007). *Seguridad en el trabajo*: Editorial Lex Nova.

Gerling, H. (2002). *Alrededor de las máquinas-herramienta*: Reverté.

Giachino, J. W., & Weeks, W. (1996). *Técnica y práctica de la soldadura*: Reverté.

Gómez Morales, T., Águeda Casado, E., García Jiménez, J. L., & Martín Navarro, J. (2011). *Mecanizado Básico para electromecanica*: PARANINFO.

Herling, H. (2006). Alrededor de las máquina-herramientas. Barcelona: Editorial Reverté, S.A.

Izquierdo, G. E. (2001). *Marcado CE: Un elemento de integracíon para la empresa globalizada*: Luna.

J.A. Vega Alvarez, J. L. L. A. (2006). *Oficial de Mantenimiento*. Alcalá de Guadaíra (Sevilla): Editorial MAD, S.L.

Muñoz, J. R. A., de Prada Rodríguez, M., & Muntada, J. M. C. (2010). *La mediación: Presente, pasado y futuro de una institución jurídica*: Netbiblo.

Paños, E. M. (1992). *Tratado de Seguridad e Higiene*: Universidad Pontificia de Comillas.

Rodríguez, P. (2001). *Manual de soldadura, soldadura eléctrica, MIG y TIG*: Tecnibook / Alsina Ediciones.

Romero, J. C. R. (2005). *Manual para la formación de nivel superior en Prevención de Riesgos Laborales*: Díaz de Santos.

Santiago, J. A. E., Expósito, M. E., Muñiz, B. F., Zapico, F. F., & Paramio, A. P. (2010). *Coordinadores de seguridad y salud en el sector de la construcción*: LEX NOVA, S.A.U.

Solá, P. M. (1992). *Soldadura Industrial: Clases Y Aplicaciones*: Marcombo.

Soriano, E. J. D., & Ruiz, J. F. (2008). *Mecanizado básico y soldadura*: Editex.

Soriano, E. J. D., & Ruiz, J. F. (2011). *Mecanizado básico*: Editorial Editex.

Vierck, T. E. F. C. J. (1999). *Dibujo de Ingeniería y Tecnología Gráfica, Tomo III*. Bogotá: Editorial McGraw-Hill.

Whitman, W. C., & Johnson, W. M. (2000). *Tecnología de la refrigeración y aire acondicionado*: Paraninfo.

Zazo, P. D. (2009). *PREVENCIÓN DE RIESGOS LABORALES. PCPI Seguridad y salud laboral*: Paraninfo.